BEI GRIN MACHT SICH IHR WISSEN BEZAHLT

Frank Bodenschatz

Die griechische Migrationspolitik im europäischen Kontext

Geschichte und aktuelle Herausforderungen

GRIN Verlag

Bibliografische Information der Deutschen Nationalbibliothek:

Die Deutsche Bibliothek verzeichnet diese Publikation in der Deutschen National-bibliografie; detaillierte bibliografische Daten sind im Internet über http://dnb.d-nb.de/ abrufbar.

Dieses Werk sowie alle darin enthaltenen einzelnen Beiträge und Abbildungen sind urheberrechtlich geschützt. Jede Verwertung, die nicht ausdrücklich vom Urheberrechtsschutz zugelassen ist, bedarf der vorherigen Zustimmung des Verlages. Das gilt insbesondere für Vervielfältigungen, Bearbeitungen, Übersetzungen, Mikroverfilmungen, Auswertungen durch Datenbanken und für die Einspeicherung und Verarbeitung in elektronische Systeme. Alle Rechte, auch die des auszugsweisen Nachdrucks, der fotomechanischen Wiedergabe (einschließlich Mikrokopie) sowie der Auswertung durch Datenbanken oder ähnliche Einrichtungen, vorbehalten.

Impressum:

Copyright © 2011 GRIN Verlag GmbH
Druck und Bindung: Books on Demand GmbH, Norderstedt Germany
ISBN: 978-3-656-29711-6

Dieses Buch bei GRIN:

http://www.grin.com/de/e-book/203478/die-griechische-migrationspolitik-im-europaeischen-kontext

GRIN - Your knowledge has value

Der GRIN Verlag publiziert seit 1998 wissenschaftliche Arbeiten von Studenten, Hochschullehrern und anderen Akademikern als eBook und gedrucktes Buch. Die Verlagswebsite www.grin.com ist die ideale Plattform zur Veröffentlichung von Hausarbeiten, Abschlussarbeiten, wissenschaftlichen Aufsätzen, Dissertationen und Fachbüchern.

Besuchen Sie uns im Internet:

http://www.grin.com/

http://www.facebook.com/grincom

http://www.twitter.com/grin_com

Inhaltsverzeichnis

1   Einleitung

Griechenland war in den vergangenen Monaten nicht nur aufgrund der chronisch maroden Staatsfinanzen immer wieder ein Thema in den Medien. Zum Haushaltsnotstand gesellte sich eine weitere, diesmal humanitäre Krise, die sich größtenteils an der Grenze zur Türkei abspielte. Die griechischen Behörden kapitulierten endgültig vor der immensen Zahl von Immigranten, die in immer größerem Umfang auf illegale Weise in das Land – und somit auch in die EU – einreisten, und sahen sich gezwungen die Europäische Union um Hilfe zu bitten. Entsprechende Fernsehberichte und Nachrichtenmeldungen gaben für mich den Anlass, Migrationsbewegungen in Griechenland sowie deren Folgeerscheinungen im europäischen Kontext zu betrachten. Neben einem Blick in die Vergangenheit liegt das Hauptaugenmerk dabei auf der Herstellung eines aktuellen Bezugs.

Zunächst ist es nötig, den Begriff „Migration" wissenschaftlich zu erklären. Eine kurze Definition zu Beginn des zweiten Kapitels wird auch auf verschiedene Typologien zur Differenzierung und Konkretisierung eingehen. Im weiteren Verlauf soll die historische Entwicklung von Migration und Migrationspolitik in Griechenland thematisiert werden. Verschiedenartige Wanderungsbewegungen spielten in der Geschichte des Landes schon immer eine große Rolle. Ein chronologisch gegliederter Abriss wird dazu näher Stellung nehmen und einen Bogen zu den aktuellen Vorgängen und Problemen spannen. Im Mittelpunkt der Betrachtung stehen vor allem folgende Fragen: In welchen Bereichen gibt es momentan Schwierigkeiten und welche Auswirkungen haben diese auf die betroffenen Menschen? Wo liegen die Ursachen? Und welche Lösungsansätze werden diskutiert beziehungsweise verfolgt?

Sehr schnell wird deutlich, dass illegale Einwanderung, großteils über die griechisch-türkische Landgrenze, besonders im Fokus steht. Die Exekutivorgane waren schlichtweg überfordert, zum Teil auch schlecht organisiert, und mussten in höchster Not die Europäische Union einschalten. Im dritten Kapitel geht es deshalb um die Frage, inwieweit man diese Problematik als „europäische Angelegenheit" betrachten kann – oder sogar muss – und welche Auswirkungen durch das aktive Eingreifen auf die Wanderungsbewegungen, aber auch die politischen Konstellationen in der Region zu erwarten sind. Neben dem erstmaligen polizeilichen und vorgeblich humanitären Einsatz von Beamten der Grenzschutzagentur Frontex werde ich eine zwischenzeitlich diskutierte Alternative, nämlich die Errichtung eines massiven Grenzzauns nach US-amerikanisch-mexikanischem Vorbild, kritisch reflektieren.

Die Schlussbetrachtung im letzten Kapitel fasst die Ergebnisse meiner Untersuchungen noch einmal in kompakter Form zusammen und endet mit einem Ausblick auf offene beziehungsweise weiterführende Fragestellungen, die im Rahmen künftiger Arbeiten aufgegriffen werden könnten. Zudem wage ich eine Prognose auf die zukünftige Relevanz des Themas.

2   Migration in Griechenland

2.1   Definition des Migrationsbegriffs

Die meisten Menschen haben eine gewisse Vorstellung von „Migration" und assoziieren mit diesem Begriff Ein- oder Auswanderungen im weitesten Sinne. Im Bereich der Bevölkerungsgeographie werden diese Wanderungsbewegungen neben Zirkulationen als eine Form der räumlichen Mobilität verstanden.[1] Was macht Migration aber nun inhaltlich aus? Einer gängigen wissenschaftlichen Definition zufolge ist damit „der auf Dauer angelegte bzw. dauerhaft werdende Wechsel in eine andere Gesellschaft bzw. in eine andere Region von einzelnen oder mehreren Menschen"[2] gemeint. Da diese vereinfachte Umschreibung nicht die damit verbundene Komplexität widerspiegeln kann, werde ich im folgenden vier verschiedene Typologien zur Differenzierung und Konkretisierung vorstellen.[3]

1. Zunächst erscheint es sinnvoll hinsichtlich *räumlicher Aspekte* zu unterscheiden. Dabei spielen sowohl die Wanderungsrichtung als auch zurückgelegte Entfernungen eine entscheidende Rolle. So kann es Binnen-, aber auch internationale Wanderungen geben, letztere lassen sich sogar noch weiter in kontinentale und interkontinentale Wanderungen ausdifferenzieren.

2. Ein weiteres Kriterium zur Einordnung sind *zeitliche Aspekte*. Eine Wanderung kann nur temporär erfolgen (also für einen begrenzten Zeitraum, z.B. Saison-

---

[1] Vgl. Bähr, Jürgen: Bevölkerungsgeographie, 4., aktualisierte und überarbeitete Auflage, Stuttgart 2004, S. 248.
[2] Treibel, Annette: Migration in modernen Gesellschaften. Soziale Folgen von Einwanderung, Gastarbeit und Flucht, 3. Auflage, München und Weinheim 2003, S. 21.
[3] Vgl. ebd., S. 20.

arbeiter), oder aber dauerhaft beziehungsweise permanent (räumliche Verlagerung des Lebensmittelpunktes).

3. Auch bezugnehmend auf die *Ursachen von Wanderungen* lässt sich eine idealtypische Unterscheidung vornehmen. Zu Recht kritisiert Annette Treibel jedoch, dass die Grenzen von freiwilliger und unfreiwilliger Wanderung fließend und mitunter nicht trennscharf sind. Vielfach findet auch eine Vermischung der Motive oder eine Politisierung durch Dritte statt. Die Diskussion dreht sich vor allem um die Begriffe Arbeitsmigration (freiwillige Wanderung) und Fluchtmigration bzw. Vertreibung (unfreiwillige Wanderung).

4. Als letzten Punkt führt Treibel den *Aspekt des Wanderungsumfanges* an. Ausschlaggebende Größe für eine Kategorisierung ist in diesem Fall die Anzahl der Wandernden. Die Bandbreite reicht von Einzel-, über Gruppen- bis hin zu Massenwanderungen. Auch hier ist eine klare Abgrenzung zum Teil schwierig.

Natürlich sind die vorgenannten Typologien nur einige Möglichkeiten von vielen, und so belässt es zum Beispiel auch Jürgen Bähr bei ähnlich gelagerten „Typisierungsversuchen".[4] Als Hauptmotive für Migration gelten „die *Suche nach Arbeit* und der *Schutz vor Verfolgung*"[5], präzisierend hinzuzufügen sind die Flucht vor wirtschaftlicher Not und sozialer Verelendung sowie Krieg und politischer Repression. Die Suche nach Arbeit ist mit der Hoffnung auf ein besseres Leben und der Sehnsucht nach einer selbstbestimmten Zukunft verbunden. In dieser Aufzählung wird gut erkennbar, dass Wanderungen fast immer mehr oder weniger zwangsverursacht sind, wenn auch nicht in jedem Fall direkt. Die Wanderungsentscheidung wird aufgrund von Abwägungen getroffen, die eine Verbesserung der Befriedigung menschlicher Elementarbedürfnisse zum Ziel haben. Wie der folgende Abschnitt deutlich macht sind auch die historisch vielfältigen Migrationsbewegungen in Griechenland häufig durch entsprechende Merkmale gekennzeichnet.

2.2 Historische Entwicklung von Migration und Migrationspolitik

Wie bereits in der Einleitung angedeutet sind Wanderungen in der jüngeren griechischen Geschichte in unterschiedlicher Art und Weise bzw. Intensität aufgetreten. Um

---

[4] Vgl. Bähr (2004), S. 254-259.
[5] Treibel (2003), S. 21.

4

den Rahmen dieses chronologischen Überblicks nicht zu sprengen werde ich den Startpunkt an der Wende vom 19. zum 20. Jahrhundert setzen.[6]

Ganz Südosteuropa war damals von Fluchtbewegungen und Bevölkerungsverschiebungen betroffen, die als Folgeerscheinungen aus den mit der Auflösung des Osmanischen Reiches einhergehenden Konflikten resultierten. Einerseits war Griechenland militärisch involviert, andererseits diente es als Aufnahmeland für eine Vielzahl von Flüchtlingen. Nach der endgültigen Niederlage gegen die Türkei wurde 1923 im Vertrag von Lausanne eine Friedensordnung festgeschrieben, die unter anderem einen mit der jeweiligen Konfessionszugehörigkeit begründeten „Bevölkerungsaustausch" (recht euphemistische Umschreibung für erzwungene Migration) zwischen den beiden Staaten nach sich zog.

Zu unterschiedlichen Zeiten gab es aber auch größere (freiwillige) Auswanderungsbewegungen, so beispielsweise – dem allgemeinen europäischen Trend folgend – zum Ende des 19. Jahrhunderts in die USA, und nach dem Zweiten Weltkrieg in einer weiteren Welle zusätzlich in Richtung Kanada oder Australien. Zudem strömten in den 1960er Jahren mehrere Tausend Griechen zumeist als angeworbene Gastarbeiter nach Westeuropa, und insbesondere in die Bundesrepublik Deutschland. Während für diese dritte Wanderungswelle anfangs ein eher temporärer Charakter angenommen werden konnte, stellte sich bald heraus, dass sie für eine beträchtliche Zahl von Betroffenen mit einem dauerhaften Wechsel in die Aufnahmegesellschaft verbunden war.

Die 1970er Jahre markierten eine Art Wendepunkt: Infolge der Demokratisierung Griechenlands setzte eine Phase der wirtschaftlichen Prosperität ein und die Zahl der Auswanderer ging merklich zurück. Gleichzeitig erfolgte eine verstärkte Zuwanderung von politischen Flüchtlingen sowie Arbeitsmigranten aus den postkolonialen Staaten Nordafrikas.

Auch das folgende Jahrzehnt war von relevanten Einwanderungswellen geprägt. Mit dem Zerfall der Sowjetunion und den damit zusammenhängenden geopolitischen Veränderungen eröffnete sich in Osteuropa ab 1989/90 ein beträchtliches Migrationspotential. Waren es zu Beginn hauptsächlich ethnische Griechen, die in ihre angestammte Heimat zurückkehrten, so folgten – nicht zuletzt aufgrund der

---

[6] Nachfolgende Ausführungen: Vgl. Triadafilopoulos, Phil: Länderprofil: Griechenland. In: Migration und Bevölkerung (MuB) Newsletter, Ausgabe 9, November 2003, unter: http://www.migration-info.de/mub_artikel.php?Id=030908 (abgerufen am 02.03.2011).

5

günstigen geographischen Lage – bald weitere Menschen mit dem Ziel, auf dem riesigen informellen Arbeitsmarkt, vorrangig im Agrar- und Dienstleistungssektor, die Basis für ein besseres Leben schaffen zu können. Kritiker argumentieren, dass die durch illegale Beschäftigung erzielten Kostenvorteile in der griechischen Volkswirtschaft ein wesentlicher Faktor für die Einhaltung der Beitrittsbestimmungen zur Europäischen Währungsunion waren. Gleichzeitig werden erste Defizite der griechischen Administration im Umgang mit dem Phänomen Migration erkennbar. Und dies, obwohl es offenbar keinerlei Zweifel an der Notwendigkeit von Einwanderung gibt. So kommen die Autoren des MuB Newsletters zu der Einschätzung, dass die Größe der Gesamtbevölkerung in den letzten 30 Jahren nur durch kontinuierliche Zuwanderung auf einem relativ konstanten Niveau gehalten werden konnte.

Die Rahmenbedingungen, die Griechenland zu seiner Attraktivität als Einwanderungsland verhalfen, beinhalten mehrere Aspekte. Neben dem relativen Wohlstand, den man zumindest im Vergleich mit den meisten Herkunftsländern der Migranten anführen kann, sind die unzähligen formellen wie informellen Beschäftigungsmöglichkeiten sowie jahrzehntelange politische Stabilität als wichtige Kriterien zu nennen. Zudem stellt(e) Griechenlands EU-Mitgliedschaft für die Mehrzahl der Einwanderer zugleich eine "Eintrittskarte" in alle anderen Staaten der Europäischen Union, und somit eine Vervielfachung der vermeintlichen neuen Lebenschancen dar.[7]

Griechische Regierungen antworteten auf die Herausforderungen der veränderten Realität über viele Jahre hinweg mit immer neuen gesetzlichen Regelungen und Modifikationen.[8] Bis zum Fall des Eisernen Vorhangs bestand mangels Bedarf keine Notwendigkeit zur umfangreichen Reglementierung der Zuwanderung. So gab es lediglich ein aus dem Jahre 1929 stammendes Gesetz, welches nach dem Bevölkerungsaustausch mit der Türkei die Assimilation ethnischer Griechen sowie den Aufenthalt ausländischer Staatsbürger regelte. Anfang der 1990er Jahre machte sich der Einwanderungsdruck aus den ehemaligen Ostblockstaaten zunehmend bemerkbar. In Folge dessen trat 1991 ein Gesetz mit verschärften Bestimmungen hinsichtlich Einreise und Abschiebung in Kraft. Sieben Jahre später „wurde erstmals eine Regularisierung von Migranten durchgeführt, die sich illegal in Griechenland aufhiel-

---

[7] Vgl. Triandafyllidou, Anna/Lazarescu, Daria: The Impact of the Recent Global Economic Crisis on Migration. Preliminary Insights from the South Eastern Borders of the EU (Greece), CARIM-AS 2009/40, Robert Schuman Centre for Advanced Studies, San Domenico di Fiesole (FI): European University Institute, 2009, S. 1.
[8] Nachfolgende Ausführungen: Vgl. Triadafilopoulos (2003).

ten. 371.461 der schätzungsweise bis zu 700.000 illegal anwesenden Migranten er-
hielten auf diesem Wege einen legalen Aufenthaltsstatus"[9]. Auch das neue Zuwan-
derungs- und Ausländergesetzes (Gesetz 2910) von 2001 enthielt eine ähnliche
Klausel. Darüber hinaus wurden neue Regeln für den Aufenthalt und die Niederlas-
sung von Arbeitsmigranten und deren Familien erlassen. Frühestens nach zwei Jahren legalen Aufenthaltes in Griechenland konnte der Nachzug der Familie beantragt
werden. Weiterhin sollten jährliche Quotenregelungen über ein Einladungsprozedere
fortan eine – befristete – Zuwanderung auf der Basis eines real nicht durch Einheimi-
sche gedeckten Arbeitskräftebedarfs ermöglichen. Sechs Jahre legales und immer
wieder befristetes Erwerbsleben brauchte es nun für eine zweijährige, und sogar
zehn Jahre für eine dauerhafte Arbeitserlaubnis. Um schließlich auch die Einschleu-
sung illegaler Migranten einzudämmen beinhaltete das Gesetz zur Abrundung die
verschärfte Verfolgung und Bestrafung entsprechender Aktivitäten.

Insgesamt kann also gesagt werden, dass die Hürden für die legale Einwanderung nach Griechenland vom Gesetzgeber sehr hoch angesetzt wurden. Die rest-
riktiven Vorgaben hatten ein ausgeprägtes Maß an Bürokratisierung zur Folge, welches eine erhebliche Mitschuld an der von vielen Seiten beklagten Ineffizienz in der
griechischen Migrationspolitik trägt. Außerdem wurde das Problem der sich bereits in
Griechenland befindlichen illegalen Migranten nur halbherzig angegangen. Zwar
wurde der Aufenthaltsstatus eines Großteils von ihnen pauschal legalisiert, allerdings
wurden von offizieller Seite kaum Maßnahmen zu deren gesellschaftlicher Integration
getroffen – und die Frage nach den übrigen „Illegalen" blieb weiter offen. Von 2005
bis 2009 gab es immer wieder leichte Detailmodifikationen und Anpassungen an EU-
Richtlinien, doch im Kern haben die Regelungen der nun zehn Jahre alten Gesetz-
gebung nach wie vor Bestand.

Die Autorinnen Anna Triandafyllidou und Daria Lazarescu kommen in ihrer
Einschätzung zur griechischen Migrationspolitik dann auch zu einem wenig schmei-
chelhaften Urteil.[10] Demnach gibt es de facto keine legalen Einwanderungskanäle,
zumal das vorgesehene Instrument zur Steuerung der Einwanderung gemäß der Be-
dürfnisse des Arbeitsmarktes allein schon aufgrund des langwierigen Prozederes
nicht effektiv funktioniert. Außerdem werden viele Arbeitsmöglichkeiten im informellen Sektor angeboten, der noch immer von bedeutender Größe ist. Erschwerend

---

[9] Triadafilopoulos (2003).
[10] Nachfolgende Ausführungen: Vgl. Triandafyllidou/Lazarescu (2009), S. 26.

kommt hinzu, dass Ausstellung und Erneuerung von Aufenthaltsgenehmigungen keineswegs schlichte Formalitäten sind: die notwendigen Voraussetzungen (regelmäßige Beschäftigung und entsprechendes Einkommen) sind – gerade im Niedriglohnbereich – in der Regel nur schwer erfüllbar, und die kurze Gültigkeitsdauer gibt kaum Anreize sich tatsächlich darum zu bemühen. Die bisherigen Programme zur Regularisierung der illegalen Einwanderer verliefen weder planvoll noch einheitlich und wurden auch nicht statistisch aufgearbeitet. Fehlende Dokumentationen führten zu der paradoxen Situation, dass Migranten während ihres mehrjährigen Aufenthaltes in Griechenland zum Teil abwechselnde Phasen von legalem und illegalem Status durchlebten.

Die Migrantenpopulation hatte im Jahre 2008 mit circa 1,3 Millionen Menschen einen Anteil von rund zwölf Prozent an der Gesamtbevölkerung, doch nur gut die Hälfte davon war tatsächlich mit einer gültigen Aufenthaltserlaubnis ausgestattet. Hinzu kamen etwa 340.000 ethnische Griechen, die vor allem aus Albanien und der ehemaligen Sowjetunion zurückkehrten und eingebürgert bzw. zur Teilnahme an Einbürgerungsprogrammen ermutigt wurden, sowie geschätzte 280.000 irreguläre Migranten. Die meisten von ihnen stammen aus den unmittelbaren Nachbarländern. Unter den offiziellen, also behördlich registrierten, Einwanderern stellten die Albaner mit einem Anteil von rund zwei Dritteln die mit außerordentlichem Abstand größte Gruppe. Andere Herkunftsländer spielten eine untergeordnete Rolle und bewegten sich anteilsmäßig zumeist nur im niedrigen einstelligen Prozentbereich.[11]

Im Bereich der Flüchtlings- und Asylpolitik verfolgt Griechenland zwar eine Harmonisierung mit den Standards der Europäischen Union und hat die wichtigsten diesbezüglichen Verträge (Genfer Flüchtlingskonvention, Dubliner Konvention, Schengener Abkommen) unterzeichnet, doch in der Realität „ist die Anerkennungsrate bei Asylanträgen im europäischen Vergleich mittlerweile eine der niedrigsten"[12].

Zusammenfassend lässt sich konstatieren, dass der gesamte Komplex der griechischen Migrationspolitik (Ausländer-, Einwanderungs-, Flüchtlings- und Asylpolitik) von Missmanagement und einer regelrechten Abschottung sowie dezidierter Fremdenfeindlichkeit, sowohl nach außen als auch gegenüber den Migranten im Land, geprägt ist. Dies führt zu einer ganzen Reihe von Problemfeldern, welche nachfolgend kurz umrissen werden.

---

[11] Vgl. Triandafyllidou/Lazarescu (2009), S. 2-4.
[12] Triadafilopoulos (2003).

2.3   Die Probleme der Gegenwart

Eine Diagnose der gegenwärtigen Lage zeigt, dass sich zwei Kernbereiche identifizieren lassen, die eine Menge Konfliktpotential für die politischen Entscheidungsträger bereithalten: „Neben dem Umgang mit illegaler Migration besteht eine weitere Herausforderung für Griechenland nicht zuletzt darin, die Integration seiner zugewanderten Bevölkerung und der in Griechenland geborenen zweiten Generation zu gestalten"[13]. Doch wie soll das geschehen, wenn es bis heute nicht einmal gelungen ist die bisherige Zuwanderung systematisch aufzuarbeiten? Die Probleme erscheinen mannigfaltig und bedingen sich oft gegenseitig. Im Folgenden seien die bedeutendsten genannt:

- Bürokratismus und Ineffizienz der gesetzlichen Regelungen machen die legale Einwanderung (v.a. Arbeitsmigration) unnötig schwer und kompliziert. Die Folge: Illegale Einwanderung wird nicht unterbunden, sondern sogar gefördert.
- Die mangelnde Integration erschwert die Daseinsbewältigung der Einwanderer und verstärkt zugleich die ihnen gegenüber bestehenden Vorbehalte in der Bevölkerung. Auch auf dem Arbeitsmarkt sind deutliche Benachteiligungen gegenüber Einheimischen (niedrigerer Lohn, erhöhter Arbeitsdruck) spürbar.[14]
- Mehr als ein Viertel der in Griechenland beschäftigten Immigranten haben ein Diplom. Da dieses wie viele weitere ausländische Abschlüsse oftmals nicht anerkannt wird sind sie jedoch gezwungen auch unterqualifizierte Arbeiten auszuführen.[15]
- Eine unvollständige und intransparente Legalisierung, die zum Teil nach dem Zufallsprinzip stattzufinden scheint, sowie fehlende Statistiken und der Mangel an klaren Regelungen sorgen dafür, dass die zuständigen Behörden unbeholfen agieren.
- Ein nicht zu unterschätzendes Problem ist die in Teilen der Bevölkerung latent vorhandene Skepsis gegenüber Fremden, die mit dem Wandel hin zu einem Einwanderungsland zusammenhängt. Diesem Bild wirkt der Staat offensicht-

---

[13] Triadafilopoulos (2003).
[14] Vgl. Triandafyllidou/Lazarescu (2009), S. 25.
[15] Vgl. Wilkens, Chrissi: Know-How im Koffer, Artikel vom 30.10.2009, unter: http://www.n-ost.de/cms/index.php?option=com_content&task=view&id=4957&Itemid=605&lang=english (abgerufen am 11.03.2011.

lich auch nicht oder nicht energisch genug entgegen. Ganz im Gegenteil: Anke Stefan ist sogar der Auffassung, dass er bewusst Problemzonen schafft und damit fremdenfeindliche Ressentiments verstärkt bzw. die Basis für die Akzeptanz einer gegen Migranten gerichteten Politik schafft.[16]

- Der Unwille, Flüchtlingen Asyl zu gewähren, zeigt sich unter anderem am teilweise rigorosen Vorgehen der griechischen Behörden und Exekutivkräfte. So berichtet Human Rights Watch in diesem Zusammenhang regelmäßig von Menschenrechtsverletzungen, Vertreibungen, gewalttätigen Aktionen und sogar Kindesmisshandlungen.[17] Infolgedessen haben „Großbritannien, Belgien, die Niederlande und Norwegen anerkannt, dass Griechenland kein ‚sicheres Drittland' mehr für Asylbewerber ist. Deshalb akzeptieren diese Länder mittlerweile wieder Asylanträge von Menschen, die aus Griechenland eingereist sind"[18].

3   Die Griechenland-Problematik als „europäische Angelegenheit"?

3.1   Im Fokus: Illegale Einwanderung

„Paradoxerweise bilden Daten über irreguläre Migranten, die an den Grenzen aufgegriffen wurden, eine [die einzige, Anm. d. Verf.] verlässliche Informationsquelle bezüglich der in Griechenland ankommenden Ausländer"[19]. Abb. 1 veranschaulicht eindrucksvoll wie sich deren Gesamtzahl zwischen 2006 und 2008 um mehr als 50 Prozent erhöht hat. Einerseits spricht dies für eine Forcierung der staatlichen Maßnahmen zur Bekämpfung der illegalen Einwanderung, andererseits ist unstrittig, dass die Einwanderungsversuche insgesamt rapide zugenommen haben.

Bemerkenswert ist die Tatsache, dass sich die Zahl der Aufgegriffenen an der griechisch-türkischen Seegrenze[20] innerhalb kurzer Zeit von knapp 7.000 auf rund 30.000 mehr als vervierfacht hat – während die Zuströme auf dem Landweg offenbar

---

[16] Vgl. Stefan, Anke: Rassismus kennt keine Sommerpause. Griechenland: Repressionsschraube gegen Migration und soziale Bewegungen angezogen, unter: http://www.ag-friedensforschung.de/regionen/Griechenland/rass.html (abgerufen am 07.03.2011).
[17] Vgl. Human Rights Watch: No Refuge. Migrants in Greece, unter: http://www.hrw.org/sites/default/files/reports/greece1009.pdf (abgerufen am 07.03.2011).
[18] Olivesi, Marine/Schmidt, Fabian: Menschenrechte. Kein Schutz für Flüchtlinge in Griechenland, unter: http://www.dw-world.de/dw/article/0,,6207852,00.html (abgerufen am 07.03.2011).
[19] Triandafyllidou/Lazarescu (2009), S. 8 (Übersetzung des Verfassers).
[20] Gemeint sind überwiegend die griechischen Inseln in der Ägäis.

10

auf einem relativ konstanten Niveau stagnierten. Die sprunghaften Zuwächse bei den im Land in Gewahrsam genommenen Ausländern (Kategorie „Other") sind, wie bereits erwähnt, durch ein offensiveres Vorgehen der Staatskräfte zu erklären.[21]

Eine entscheidende Schwachstelle dieser Zahlen ist, dass sie lediglich als Indizien für die Entwicklung der illegalen Einwanderung zu gebrauchen sind. Als „Spitze des Eisbergs" geben sie keinerlei Auskunft darüber, wie viele Menschen tatsächlich Jahr für Jahr unerlaubt nach Griechenland einreisen. Die Dunkelziffer kann allenfalls geschätzt werden.

Abb. 1: Aufgegriffene Ausländer (nach Grenze)

	2006	2007	2008
Greek-Albanian border	33.018	42.597	39.267
Greek-FYROM border	3.541	2.887	3.459
Greek-Bulgarian border	1.132	966	1.795
Greek-Turkish land border	15.265	16.789	14.461
Greek-Turkish sea border	6.886	16.781	30.149
Crete	2.432	2.245	2.961
Other	32.365	29.799	54.245
Total	95.239	112.364	146.337

Quelle (Ausschnitt): Triandafyllidou/Lazarescu 2009, S. 10, basierend auf Angaben des griechischen Innenministeriums. Die Kategorie „Other" umfasst innerhalb Griechenlands aufgegriffene Ausländer.

Auch über die Herkunft derjenigen irregulären Migranten, die den Behörden ins Netz gegangen sind, gibt es Statistiken. Diese spiegeln häufig die Entwicklung der sozio-politischen Bedingungen im jeweiligen Heimatland wider. So verwundert es kaum, dass die Flüchtlingsströme insbesondere aus Kriegs- und Krisengebieten wie Irak, Afghanistan, Pakistan oder Somalia im Verlauf der letzten zehn Jahre immer größere Ausmaße annahmen.[22] Nachdem die Türkei Visafreiheit für die Maghreb-Staaten eingeführt hat mischen sich vermehrt Marokkaner, Algerier und Tunesier unter ein Heer von Menschen, das in der Einwanderung nach Griechenland bzw. die Europäische Union die einzig mögliche Zukunftsperspektive sieht.[23]

Da die Reiseverkehrs- und Personenkontrollen aufgrund der weiter anschwellenden Migrantenströme im gesamten Mittelmeerraum wahrnehmbar verschärft wurden, gewann die griechisch-türkische Landgrenze als „Tor nach Europa" in den vergangenen beiden Jahren zunehmend an Bedeutung und nimmt heute eine Schlüs-

---

[21] Vgl. Triandafyllidou/Lazarescu (2009), S. 8-9.

[22] Vgl. ebd., S. 9.

[23] Vgl. Ertel, Manfred/Mayr, Walter: Hintertür zur Festung Europa. In: Der Spiegel, Nr. 2 vom 10.01.2011, S. 81.

selrolle in der Kanalisation der Massen ein. 2010 konnten griechische Grenzpolizisten hier fast 40.000 illegale Einwanderer aufgreifen, was verglichen mit 2008 beinahe eine Verdreifachung bedeutet. Entsprechend erhöht haben dürfte sich die Zahl derer, denen es gelungen ist unbehelligt ins Land zu kommen. Die dutzendfache Schleusung von Menschen ist für professionelle, meist kurdischstämmige Schlepper ein lukratives Geschäftsmodell geworden. Zumindest auf der türkischen Seite scheint auch die Miliz gut eingebunden zu sein: Korruption ist weit verbreitet, und wenn der Betrag stimmt drücken einfache, niedrig entlohnte Soldaten gerne mal ein Auge zu.[24]

Zum Ende des vergangenen Jahres reifte bei der griechischen Regierung die Einsicht, dass die Lage schon längst nicht mehr unter Kontrolle zu bringen war, fast hilflos musste sie registrieren wie die illegale Immigration trotz verstärkter Restriktionen und ausgeweiteter Überwachungsmaßnahmen weiterhin zunahm. Neue Lösungsansätze waren gefordert.

3.2   Der Frontex-Einsatz

Nach Angaben der Europäischen Agentur für die operative Zusammenarbeit an den Außengrenzen (Frontex) gelangen 90 Prozent aller illegalen Einwanderer über Griechenland in die EU.[25] Damit liegt faktisch auf der Hand, dass die wirksame Unterbindung des kaum mehr kontrollierbaren und illegalen Zustroms von Einwanderern auch im Interesse der übrigen Mitgliedsstaaten lag.

Frontex ist eine relativ junge, spezialisierte und unabhängige Körperschaft mit Sitz in Warschau, deren vollständige Arbeitsaufnahme im Oktober 2005 erfolgte.[26] Die mittlerweile annähernd 300 Abgesandten, Experten, Angestellten, Hilfs- und Zeitkräfte sollen die Kooperation der EU-Staaten im Bereich der Grenzsicherheit koordinieren sowie Sicherungssysteme ergänzen und verbessern. Hauptanliegen ist dabei die Umsetzung einer gemeinsamen EU-Politik zur integrierten Grenzverwaltung. Neben der Ausbildung von Grenzschützern und der Einführung einheitlicher Standards zählen auch das Erstellen von Risikoanalysen und die Verfolgung relevanter Forschungsentwicklungen zu den Aufgaben der Agentur.

---

[24] Vgl. Ertel/Mayr (2011), S. 82.
[25] Vgl. Frontex Website > Rabbit 2010 > Background Information, unter:
http://www.frontex.europa.eu/rabit_2010/background_information (abgerufen am 11.03.2011).
[26] Nachfolgende Ausführungen: Vgl. Frontex Website > More about Frontex, unter:
http://www.frontex.europa.eu/more_about_frontex (abgerufen am 11.03.2011).

Zugleich ist die technische und operationelle Unterstützung der Mitgliedsstaaten eine Option, die anfangs jedoch eher den Charakter einer Ultima Ratio hatte – bis Griechenland im Herbst 2010 erstmals Hilfe in Form der sogenannten Rapid Border Intervention Teams (RABITs) anforderte. Dabei handelt es sich um multinationale, mit dem notwendigen Know-How und Equipment ausgestattete Polizeieinheiten.

Die zunächst auf maximal zwei Monate angesetzte Mission wurde schon nach kurzer Zeit bis März 2011 verlängert. Die Arbeitsaufträge unterschieden sich nicht wesentlich von denen herkömmlicher griechischer Grenzschutzbeamter: Neben der Grenzüberwachung und -kontrolle gehörte das Feststellen der Identität bzw. Nationalität aufgegriffener Migranten zum „Alltagsgeschäft". Darüber hinaus waren das Sammeln von Informationen über Menschenschmuggelnetzwerke und grenzüberschreitende organisierte Kriminalität sowie das Aufbauen einer allgemeinen Abschreckungskulisse Ziele des Einsatzes.

Aus der Perspektive von Frontex fällt das Resümee der Operation RABIT 2010 überwiegend positiv aus. So habe die Zahl der (entdeckten) irregulären Grenzüberschreitungen über die griechisch-türkische Landgrenze von Oktober 2010 bis Februar 2011 um 76 Prozent abgenommen. Zudem seien 34 sogenannte „Vermittler", also Personen, die Schleusungen organisierten, verhaftet wurden. Die durchschnittliche Zahl der täglichen Aufgriffe sei von 245 (Höchststand im Herbst 2010) auf 58 zurückgegangen.[27] Dies wird als großer Erfolg gewertet.

3.3 Ein Grenzzaun als Lösung?

Parallel zum Engagement der Frontex-Einheiten reifte bei der griechischen Regierung bis Anfang diesen Jahres die Überlegung heran, Teile der Grenze zur Türkei durch einen massiven Zaun zu sichern.[28] In den Mittelpunkt der Diskussion rückte eine Region, auf die sich auch schon die RABITs aufgrund ihrer geopolitischen Lage in besonderer Weise konzentrierten: So soll der Bau der Befestigung „entlang jenes gut 12 Kilometer langen Landstreifens [erfolgen], der unter Flüchtlingen aus der halben Welt inzwischen als Highway hinein ins EU-Gebiet bekannt ist – weil nur hier, wo der Fluss Maritza einen Knick macht, die türkische Nordgrenze über Land verläuft

---

[27] Vgl. Frontex Website > Newsroom > New Releases > RABIT Operation 2010 Ends, Replaced By JO Poseidon 2011, unter: http://www.frontex.europa.eu/newsroom/news_releases/art98.html (abgerufen am 11.03.2011).
[28] Vgl. Abb. 2.

und der Marsch auf die Festung Europa trockenen Fußes möglich ist"[29].

Abb. 2: Geplanter Grenzzaun

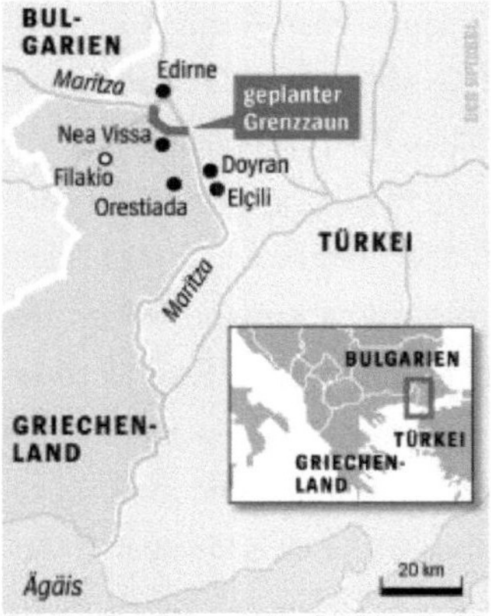

Quelle: Der Spiegel, Nr. 2/2011, S. 80.

Während der Fluss Maritza, sowohl im Norden zu Bulgarien als auch im Osten zur Türkei, bereits eine mehrere hundert Kilometer lange natürliche – und nicht selten tödliche – Barriere für den illegalen Grenzübertritt darstellt, soll nun auch das „letzte Loch", eben die „Hintertür zur Festung Europa"[30], gestopft werden. Ob solch ein Zaun jedoch tatsächlich realisiert wird lässt sich zum gegenwärtigen Zeitpunkt nur schwer abschätzen. Zwar gibt es durchaus nachvollziehbare Argumente dafür, doch die kritischen Stimmen überwiegen in vielerlei Hinsicht.[31]

3.4   Fazit und Kritik

Wie die vorangegangenen Ausführungen skizzieren, entwickelte sich die illegale Migration nach Griechenland in den letzten Jahren von einem im Ausland wenig beachteten nationalen Problem zu einer europäischen Angelegenheit. Weil Griechenland zum Teil nur als Transitland fungierte waren nämlich zunehmend auch westeuropäische Staaten betroffen. Die Intervention der Europäischen Union ist daher nicht als bloße Hilfeleistung im humanitären Gewand, sondern als aktive und aggressive Verteidigung der „Festung Europa" zu verstehen. Die teilweise Übertragung der Verantwortung griechischer Behörden auf eine supranationale Instanz (Frontex) zeigt zudem, wie weit die Integration der europäischen Grenzverwaltung bereits vorangeschritten ist.

Klar scheint, dass die gesamte Einwanderungsproblematik eine Lösung im europäischen Maßstab erfordert. Allerdings zielt die gemeinsame Strategie von Griechenland und EU bisher lediglich darauf ab, das Land bzw. das Gemeinschaftsgebiet nach außen hin so effektiv wie möglich abzuschotten. Durch die verstärkte Präsenz von Grenzüberwachungseinheiten im gesamten Mittelmeerraum wird dieser restrikti-

---

[29] Ertel/Mayr (2011), S. 81. Vgl. dazu auch Abb. 2.
[30] Ebd., S. 80.
[31] Vgl. Kapitel 3.4.

ven Politik zusätzlich Nachdruck verliehen. So werden Probleme aber nicht gelöst, sondern allenfalls in Nichtmitgliedsstaaten an der Peripherie verlagert.[32] Weder die Begleitumstände des Frontex-Einsatzes noch die Idee von der Errichtung eines Zauns an der griechisch-türkischen Landgrenze haben in irgendeiner Weise dazu beigetragen, die Situation derjenigen Menschen zu verbessern, gegen die solche Maßnahmen gerichtet sind. Es geht der griechisch-europäischen Migrationspolitik nicht vorrangig um das Wohl von Flüchtlingen oder Asylsuchenden, auch wenn dies gerne suggeriert wird. Die Achtung der Menschenrechte und die Einhaltung ethischer Grundsätze mögen hehre Ziele sein, die sich in der Realität jedoch meist rationalen Erwägungen unterordnen müssen.

Dennoch: Die Furcht vor ungehemmter Zuwanderung ist aus griechischer Sicht verständlich, gerade auch vor dem Hintergrund, dass sich der gesamte Einwanderungsstrom nach Europa mittlerweile fast ausschließlich auf das ohnehin stark gebeutelte Land konzentriert. Ein fairer Lastenausgleich zwischen allen EU-Ländern wäre daher „berechtigt und logisch, würde aber die gesamte Flüchtlings- und Asylpolitik der EU in Frage stellen, deren rechtliche Basis das sogenannte Dublin II-Verfahren ist. Dessen Grundprinzip, dass für das Schicksal der Migranten jeweils das ‚Ersteintrittsland' zuständig ist, hat allerdings der Europäische Gerichtshofs für Menschenrechte mit seiner Entscheidung vom 21. Januar 2011 ausgehebelt, die eine Rücküberstellung von Asylbewerben nach Griechenland untersagt."[33]

Die EU ist also am Zug. Ohne eine grundlegende Reform der gemeinschaftlichen Migrationspolitik, die sowohl Griechenland entlastet als auch den elementaren Bedürfnissen der Flüchtlinge und Asylsuchenden in angemessener Weise Rechnung trägt, ist auch die Griechenlandproblematik nicht zufriedenstellend zu bewältigen.

Die bauliche Befestigung eines Teils der griechisch-türkischen Grenze stellt in diesem Zusammenhang eine von Aktionismus getriebene Verlegenheitslösung dar, die zu allem Überfluss auch noch verheerende politische Signale aussendet. Schließlich würden gut 20 Jahre nach dem Fall des Eisernen Vorhangs neue Mauern in Europa errichtet. Die Türkei als ein Land mit offiziellem EU-Beitrittsstatus muss solch ein Vorhaben als pure Provokation auffassen. Neben der noch immer ungelösten Zypern-Frage würde sich hier weiteres Konfliktpotential zwischen den Nachbar-

---

[32] Ein weiteres Beispiel sind die sogenannten exterritorialen Lager in Nordafrika.
[33] Lieb, Wolfgang: Fluchtpunkt Griechenland, unter: http://www.nachdenkseiten.de/?p=8615 (abgerufen am 12.03.2011).

ländern ergeben, welches im Falle eines Beitritts der Türkei direkt in die Europäische Union hineingetragen wird. Allein schon aus diesem Grund sollten sich alle Beteiligten darum bemühen, zeitnah eine einvernehmliche und akzeptable Lösung zu finden, die endlich und ausdrücklich auch humanitären Gesichtspunkten gerecht wird.

4   Schlussbetrachtung

Nach eingehender Beschäftigung mit der Thematik bleibt festzustellen, dass Migrationsbewegungen und ihre Folgeerscheinungen in Griechenland ein weites, facettenreiches und vor allem problembehaftetes Feld sind. Der griechische Staat hat die Wandlung zum Einwanderungsland auch nach vielen Jahren und einer Reihe von Gesetzesnovellen nicht in geordnete Bahnen lenken können. Noch immer halten sich in dem Land hunderttausende Menschen ohne legalen Aufenthaltsstatus auf, und das mitunter seit Jahrzehnten. Eine Ausweisung wäre in vielen Fällen kaum noch vermittelbar, doch die bisherigen Regularisierungen verliefen ungeordnet und willkürlich. Fehlende Statistiken machen die nationale Aufgabe einer effektiven und nachhaltigen politischen Bearbeitung kaum einfacher – aber die ist dringend geboten, um Scharen von Menschen aus einer Grauzone heraus als vollwertige Mitglieder in die griechische Gesellschaft zu integrieren.

Interessanterweise wird im EU-Ausland vielfach nur der Teilaspekt der illegalen Einwanderung medial verarbeitet bzw. in den Blickpunkt der Öffentlichkeit gerückt – was unterstreicht, dass in diesem Bereich eine besondere Brisanz liegt. Spätestens seit dem Frontex-Einsatz ist klar, dass Griechenland als Teil der „Festung Europa" eine besondere Verantwortung für den Schutz der EU-Außengrenzen hat. Mit dieser Verantwortung war, ist und bleibt das Land überfordert. Nach dem Ende der Operation RABIT 2010 erfolgt deren Fortsetzung deshalb als integrativer Bestandteil der Mittelmeermission JO Poseidon 2011.

Zusammenfassend bleiben vor allem Fragen nach der zukünftigen Entwicklung offen. Hinsichtlich der Grenzsicherung zeichnet sich eine verstärkte Übertragung der nationalen Aufgaben auf europäische Institutionen ab – die in Bezug auf den Umgang mit Flüchtlingen und Asylsuchenden leider ebenfalls keine „echten" Lösungen anbieten. Innen- wie außenpolitisch bleibt Migration für Griechenland aller Wahrscheinlichkeit nach eine Dauerbaustelle, deren offensiv-kritische Begleitung auch in den nächsten Jahren Gegenstand zahlreicher Forschungsarbeiten sein wird.

5   Bibliographie

Bähr, Jürgen: Bevölkerungsgeographie, 4., aktualisierte und überarbeitete Auflage, Stuttgart 2004.

Ertel, Manfred/Mayr, Walter: Hintertür zur Festung Europa. In: Der Spiegel, Nr. 2 vom 10.01.2011, S. 80-82.

Lieb, Wolfgang: Fluchtpunkt Griechenland, unter: http://www.nachdenkseiten.de/?p=8615 (abgerufen am 12.03.2011).

Olivesi, Marine/Schmidt, Fabian: Kein Schutz für Flüchtlinge in Griechenland, unter: http://www.dw-world.de/dw/article/0,,6207852,00.html (abgerufen am 07.03.2011).

Stefan, Anke: Rassismus kennt keine Sommerpause. Griechenland: Repressions-schraube gegen Migration und soziale Bewegungen angezogen, unter: http://www.ag-friedensforschung.de/regionen/Griechenland/rass.html (abgerufen am 07.03.2011).

Treibel, Annette: Migration in modernen Gesellschaften. Soziale Folgen von Ein-wanderung, Gastarbeit und Flucht, 3. Auflage, München und Weinheim 2003.

Triandafyllidou, Anna/Lazarescu, Daria: The Impact of the Recent Global Econom-ic Crisis on Migration. Preliminary Insights from the South Eastern Borders of the EU (Greece), CARIM-AS 2009/40, Robert Schuman Centre for Advanced Studies, San Domenico di Fiesole (FI): European University Institute, 2009.

Triadafilopoulos, Phil: Länderprofil: Griechenland. In: Migration und Bevölkerung (MuB) Newsletter, Ausgabe 9, November 2003, unter: http://www.migration-info.de/mub_artikel.php?Id=030908 (abgerufen am 02.03.2011).

Wilkens, Chrissi: Know-How im Koffer, Artikel vom 30.10.2009, unter: http://www.n-ost.de/cms/index.php?option=com_content&task=view&id=4957&Itemid=605&lang=e nglish (abgerufen am 11.03.2011).

Frontex Website, unter: http://www.frontex.europa.eu (abgerufen am 11.03.2011).

Human Rights Watch: No Refuge. Migrants in Greece, unter: http://www.hrw.org/sites/default/files/reports/greece1009.pdf (abgerufen am 07.03.2011).